Energiezufuhr und Ernährung. Ein online-basiertes und unterstützendes Lernangebot zur Humanbiologie

Hannah Romeike

Bibliografische Information der Deutschen Nationalbibliothek:

Die Deutsche Nationalbibliothek verzeichnet diese Publikation in der Deutschen Nationalbibliografie; detaillierte bibliografische Daten sind im Internet über http://dnb.d-nb.de abrufbar.

ISBN: 9783346542397
Dieses Buch ist auch als E-Book erhältlich.

Nymphenburger Straße 86
80636 München

Druck und Bindung: Books on Demand GmbH, Norderstedt Germany
Gedruckt auf säurefreiem Papier aus verantwortungsvollen Quellen

Das Buch bei GRIN: https://www.grin.com/document/1152154

Energiezufuhr und Ernährung: Ein online-basiertes und unterstützendes Lernangebot zur Humanbiologie

Bachelorarbeit

angefertigt an der

Universität Bremen
Fachbereich 2 (Biologie/ Chemie)

Inhaltsverzeichnis

QR-Code für den Zugriff auf die entwickelte Learning-App

Abbildungsverzeichnis

1. Einleitung

Smartphones, Tablets, sowie Laptops und jegliche andere digitalen Medien gehören inzwischen fest zum Alltag von Schülern und Schülerinnen. Im Unterricht und besonders als Lernerleichterung bzw. Lernunterstützung scheinen digitalen Medien allerdings nach wie vor kaum zum Einsatz zu kommen. Im Konträr dazu steht die Integration von digitalen Technologien in jedem anderen Lebensbereich: sei es das automatisierte Einkaufen mit digitaler Produkterkennung oder Virtual-Reality-Spiele der Unterhaltungsbranche. Infolgedessen steigt die Verantwortung an das Schulsystem immer weiter, auch im Unterricht digitale Lernwerkzeuge didaktisch sinnvoll einzusetzen. Bei dem Einsatz von digitalen Lernangeboten geht es allerdings um mehr, als nur um das Abspielen eines Videos: sie können, bei einem richtigen Einsatz, die Lehrkraft entlasten und den SuS ein individuelleres Lernen ermöglichen. (Muuß-Merholz, 2015) Vor allem Learning Apps geben SuS die Möglichkeit, ihrem eigenen Lerntyp entsprechend Inhalte zu erarbeiten, Wissen zu wiederholen und/oder zu erweitern. Stärken und Defizite können einerseits durch die Lehrkraft, andererseits durch den SuS selbst identifiziert und ausgeglichen werden. Sie weisen damit ein hohes Potenzial zur Verbesserung des Lernerfolges auf und sollten auch unter diesen Gesichtspunkten genutzt werden: als interaktive Lernunterstützung für SuS und Lehrkräfte.

2. Problemstellung und Ziel der Arbeit

Wie bereits erwähnt werden Learning Apps noch viel zu selten von Lehrkräften selbst entwickelt und als unterstützende Lernhilfe genutzt. Es bedarf noch immer an Engagement von Lehrenden sich in diesem Bereich der digitalen Mediennutzung auszuprobieren und Erfolge sowie Misserfolge zu evaluieren. (Muuß-Merholz, 2015) Die Arbeit soll sich dahingehend mit einer Entwicklung einer Learning App am Beispiel „Verdauung und Ernährung" beschäftigen, um aufzuzeigen, welches Potenzial hinter digitalen Lernunterstützungsangeboten eigentlich steckt. Dabei soll zunächst auf den fachlichen Hintergrund eingegangen werden, der sich am Bremer Bildungsplan für Oberschulen orientiert. Für den 7./8. Jahrgang ist das Rahmenthema „vom Acker" vorgesehen, welchem die Themen „Verdauung" und „Ernährung" zuzuordnen sind. Im Anschluss soll sich mit den Vor- und Nachteilen vom digitalen Lernen beschäftigt werden, sodass hier ein Überblick gegeben werden kann, wieso die Einführung von digitalen Lernunterstützungsangeboten als essentiell verstanden werden muss. Unter Anbetracht von Lernerfolgskontrollen soll der inhaltliche Aufbau der Learning App begründet werden und erklärt gleichzeitig die sich daraus ergebenen Vorteile. Dazu wird unterschiedliche Literatur herangezogen und als Argumentationsgrundlage verwendet. Diese Arbeit soll zum Denken anregen und aufzeigen, dass Digitalisierung nicht mit mehr Arbeitsaufwand verbunden ist. Sie soll zeigen, dass digitale Lernunterstützungsangebote in Form von Learning Apps für beide Seiten der Lern-Lehrsituationen einen positiven Einfluss auf die Lernerfolgsentwicklung nehmen (können).

3. Energiegehalt des Körpers

Um Energie zu definieren, ist es abhängig davon, aus welchem naturwissenschaftlichen Bereich man Energie betrachtet. Physiker definieren Energie als die Fähigkeit und Voraussetzung Arbeit zu leisten. Bewegen wir ein Objekt von A nach B, so wird dafür Kraft benötigt. Diese Kraft schöpfen wird aus Energie. Physikalisch betrachtet handelt es sich dabei um die Hauptsätze der Thermodynamik:

1. Energie kann weder erzeugt, noch vernichtet werden.

Der Grundgedanke liegt darin, wie der Satz schon aussagt, dass Energie immer einer Wandlung zugrunde liegt und keiner Erschaffung.

2. Die Unordnung strebt einem Maximum zu.

Daraus resultiert, dass kein energetischer Prozess zu 100% effizient sein kann. Das bedeutet, dass die gebrauchte Energie niemals in ihrem vollen Maße genutzt werden kann. (Markl et al., 2011)

Die biochemische Definition von Energie beschreibt die Veränderung von Materie. Dabei wird, entsprechend dem ersten thermodynamischen Hauptsatz, Energie nie erzeugt, sondern lediglich transformiert. Einfach formuliert wird dabei die, durch die Nahrung aufgenommene, chemische Energie zu Bewegungsenergie umgewandelt. (ebd.) Man unterscheidet dabei in der Biologie zwischen zwei Formen: der potenziellen Energie und der kinetischen Energie. Bei der potenziellen Energie handelt es sich um im Körper gespeicherte Energiereserven (Glykogen, Fettsäuren oder Adenosintriphosphat oder Kreatinphosphat). Diese werden durch chemische Bindungen in verschiedenen Körperregionen gespeichert, um bei Bedarf aktiviert, bzw. gespalten zu werden. Führt ein Muskel eine Bewegung aus, so wird diese gespeicherte, chemische Energie zu kinetischer Energie transformiert. Angenommen, dass eine Katze auf einen Podest springen möchte. So wird die gespeicherte Energie umgewandelt in kinetische Energie, sodass die Muskelkontraktion ausgeführt wird und die Katze auf das Podest springen kann. Dabei kommt der Zellstoffwechsel zum Einsatz, welcher die durch anabolische Reaktionen (welche Moleküle verknüpfen) in chemischen Bindungen gespeicherte Energie schließlich in katabolischen Reaktionen in frei gesetzte Energie umwandelt. (ebd.)

Inwieweit die Nahrungsaufnahme für diese Arten von Energie essentiell ist soll im Folgenden erläutert werden.

3.1 Nahrungsaufnahme

Der Körper benötigt für jegliche körperliche Vorgänge chemische Energie. Ohne diese wäre ein grundsätzliches Existieren demnach nicht möglich. Körperliche Vorgänge beschreiben dabei nicht nur die reine Bewegung, sondern auch die Erhaltung der Körperwärme, die Aktivitäten der Organe, der Zellen, das Wachstum. Besonders für den Stoffwechsel benötigt der Körper Nährstoffe wie Kohlenhydrate, Proteine und Lipide. Da viele Arten dieser nicht durch den Körper selbst synthetisiert werden können ist der Mensch auf Nahrung angewiesen, welche diese Nährstoffe enthält. (Campbell und Reece, 2009) Denkt man dabei an die Tabellen, welche auf den Verpackungen (fast) aller Lebensmittel vorhanden sind: Energie (in kcal), Fett (in g, davon gesättigte und ungesättigte Fettsäuren), Kohlenhydrate (in g, davon Zucker in g), Eiweiß (in g) sowie Salz (in g). Liest man jene Nährstoffangaben ohne das entsprechende Hintergrundwissen, so werden diese schnell zu einem notwendigen Aufdruck, statt zu einem Hinweis. Eine hohe Kalorienanzahl wird so interpretiert, dass uns die Nahrung „verfettet" und eine geringe Kalorienanzahl lässt uns Fett „abbauen". Unter Voraussetzung dieses gesellschaftlichen Wissens soll zunächst einmal eine genauere Definition von Kalorien formuliert werden:

In der Chemie beschreibt 1 cal die Menge, um 1g Wasser um 1°C zu erhitzen. Daraus lässt sich ableiten, dass es sich bei der Beschreibung der Menge um

Wärmeenergie handelt. Da die Mengenangabe cal viel zu klein für die Relation tierischer Körper ist, wurde sich dazu entschieden, entsprechend der Verhältnisse von kcal zu sprechen. Kcal ist damit ein Kürzel für Kilokalorien, welches dem eigentlichen Maßstab zwar entspricht, aber diesen eben vergrößert. Somit entspricht 1 kcal gleich 1000 cal. (Nesheim, 2012) Nun ist die Wärme (-energie) jedenfalls insofern nicht messbar, als dass sie der Körperwärme (messbar durch ein reguläres Thermometer) entspricht oder das Körperinnere mithilfe von optimalen Bedingungen im Labor generiert wurde. Demnach muss man die Definition weiter aufspalten: Kalorien beschreiben also die Einheit von (Wärme-)Energie. Diese Energie wird in der Regel für körperliche Aktivitäten genutzt (Bewegung, Aufrechterhaltung der innerkörperlichen Aktivitäten, usw.). Daraus folgt, dass die Energie also entweder biochemischer oder physischer Art sein kann. Wie beschrieben, handelt es sich dabei entweder um zelluläre Vorgänge, wie der Zellatmung, dem Stoffwechsel o.Ä. oder der Kontraktion von Muskeln etc.. Da jede Umwandlung von Energie physikalisch betrachtet ineffizient ist, weil der größte Teil an chemischer Energie zu Wärmeenergie transformiert wird, lässt sich demnach insofern der Kreislauf schließen, dass bei jeder Umwandlung von Energie Wärme erzeugt wird. Entsprechend können sich Kalorien als eine Einheit für Wärmeenergie beschreiben lassen, welche bei der Umwandlung von Nährstoffmolekülen entsteht. (ebd.)

Werden Nährstoffmoleküle aufgenommen, insbesondere Kohlenhydrate und Fett, werden diese vom Körper als Energiereserven genutzt. Kohlenhydrate werden zunächst zu Glukose gespalten und schließlich als Glykogen in der Leber und in den Muskelzellen gespeichert. Da diese Energiemasse allerdings nicht dem vollständigen Tagesbedarf an Energie entspricht, nutzt der Körper Fettzellen zur Speicherung. Dies liegt daran, dass Fett durch die Beimischung von Wasser „kompakter" wird und ohnehin eine höhere Energiemasse liefert, als Kohlenhydrate. Die gewonnene Energie aus Fett beträgt nämlich ca. 9,5 kcal/g, damit also mehr als das Doppelte der Kohlenhydrate mit 4,2 kcal/g und der Proteine mit 4,1 kcal/g. Trotz der größeren Masse wird bei dem Bedarf von Energie zunächst auf die Glykogenspeicher der Leber zurückgegriffen, da diese schneller zugänglich sind als die gespeicherte Energie in den Fettzellen. (Campbell und Reece, 2011)
Die Zusammensetzung und Ausgewogenheit der Nährstoffe in der aufgenommenen Nahrung beeinflussen außerdem das Sättigungsgefühl. Dies wird schon alleine

dadurch deutlich, wenn man daran denkt, dass man durch das Essen von Fastfood zügig wieder ein Hungergefühl verspürt. Es ist eine geläufige Tatsache, dass gerade der regelmäßige Verzehr von Fast-Food dick macht. Das liegt daran, dass der Kohlenhydratgehalt in diesen Speisen auf ein verhältnismäßig geringes Volumen sehr hoch ist. Ein durchschnittlicher Burger hat pro 100g ca. 280kcal, während ein 100g Salat im Vergleich nur 25kcal enthält. (ebd.) Durch die schnelle Aufnahme von leichtverdaulichen Kohlenhydraten wie Zucker oder auch Alkohol schießt der Blutzuckerspiegel in die Höhe und aktiviert die starke Ausschüttung von Insulin durch die Bauchspeicheldrüse. Da der Blutzuckerspiegel entsprechend schnell wieder abflacht und Insulin im Übermaß ausgeschüttet wurde, kommt es zu dem bekannten Heißhunger. (Lindinger, 2006) Ähnliches passiert bei der Aufnahme von künstlichen Ersatzstoffen wie Süßstoff. Die Sinne des Körpers sind an die natürliche Umwelt, eben entsprechend auch an die natürlichen Nährstoffe, gewöhnt und können kaum zwischen künstlichen oder natürlichen Nährstoffen unterscheiden. Dadurch wird bei der Aufnahme von Süßstoffen vom Körper von Zucker, bzw. energiereichen Kohlenhydraten ausgegangen. Da diese durch den Süßstoff nicht geliefert werden und die Bauchspeicheldrüse unnötigerweise Insulin ausschüttet entsteht auch hierbei ein Gefühl von Heißhunger, da der Körper die erwarteten Nährstoffe verlangt. (Junker, 2011)

Warum der Körper auf ausgewogene Ernährung angewiesen ist (u.A. für die ATP-Synthese, aber auch für die Biosynthese) soll im Folgenden erläutert werden. Dabei werden die essentiellen Nährstoffe in vier Gruppen unterteilt: Aminosäuren, Fettsäuren, Vitamine und Mineralstoffe. (Campbell und Reece, 2011)

3.2 Essentielle Aminosäuren

„Aminosäure [am in o a c id) Organische Verbindungen mit einer Carboxylgruppe (—COOII) und einer Aminogruppe (—NH2). Besondere Bedeutung haben bei Organismen 20 proteinogene (i-Aminocarbonsäuren als Bausteine von Peptiden und Proteinen (proteinogene Aminosäuren).“ (Campbell und Reece, 2011: 1785)

Jene Aminosäuren, welche der Körper nicht selbst synthetisieren kann, werden als „essentielle Aminosäuren“ beschrieben. Da diese aber als Bausteine notwendig sind, um den Organismus am Leben zu erhalten, müssen diese zwangsläufig durch die Nahrung aufgenommen werden. Der Mensch benötigt insgesamt **acht** essentielle Aminosäuren. Eine Ausnahme stellen dabei Säuglinge dar, welche für das Wachstum zusätzlich Histidin benötigt, diese werden dann als semi-essentiell bezeichnet. (ebd.) Bei den genannten acht Aminosäuren handelt es sich um Isoleucin, Leucin, Lysin, Methionin, Phenylalanin, Threonin, Tryptophan und Valin.

Isoleucin, Leucin und Valin werden auch „Stress-Aminosäuren“ genannt und gehören zu den neutralen Aminosäuren. Sie fungieren als Energiequelle für die Muskelzellen und liefern bei der Synthese und Einlagerung von Proteinen Unterstützung. Gleichzeitig verringern diese den Abbau von Proteinen. Im Gegensatz zu vielen anderen AS werden diese direkt in die Muskelzellen geleitet und nicht zunächst in der Leber verstoffwechselt und/oder gespeichert. Lysin ist ein wichtiger Bestandteil weiterer AS und hat ebenfalls Einfluss auf die Knochendichte und das Wachstum, sowie die Wundheilung. Methionin unterstützt die Leber, sowie die Nieren und verhindert eine zu starke Fetteinlagerung in Ersterem. Phenylalalnin spielt eine Rolle bei dem Hormonstoffwechsel und ist die Ausgangsaminosäure für Thyrosin. Tryptophan ist notwendig für den Leberstoffwechsel. Die genaue Wirkung von Threonin ist nicht ganz bekannt, jedoch ist diese u.a. für das Wachstum und die Hormonbildung mitverantwortlich. (o.V., 2018)

In der Regel liefet tierische Nahrung wie Eier, Käse oder Fleisch diese AS ausreichend zuverlässig. Anders verhält es sich bei pflanzlichen Proteinen, diese besitzen immer alle AS, sodass bei einer vegetarischen Ernährungsweise immer auf die Kombinatorik von verschiedenen pflanzlichen Nahrungsmitteln geachtet werden muss. Die essentiellen AS des Menschen lassen sich mithilfe des

Merksatzes „Leider **f**(ph)ehlen wichtige **M**oleküle **i**m Körper **v**ieler **T**iere“ einprägen. (Markl et al., 2011)

3.3.Essentielle Fettsäuren

Man unterscheidet bei Fettsäuren zwischen gesättigten und ungesättigten Fettsäuren. Gesättigte FS enthalten keine Doppelbindungen zwischen ihren Kohlenstoffatomen, während dies bei ungesättigten FS der Fall ist. Dabei sind mehrfach-ungesättigte Fettsäuren für den Körper essentiell. Beispiele dafür sind die Omega-3 und Omega-6-Säuren. Die Omega-3-Fettsäure Alpha-Linolensäure ist beispielsweise ein wichtiger Bestandteil von Membranphospholipiden und damit unerlässlich bzw. essentiell. Bis auf wenige Ausnahmen, wie die genannten Omega-Fettsäuren, kann der Körper die FS selbst synthetisieren. Die essentiellen FS werden im Normalfall ausreichend durch die Nahrung aufgenommen. (Campbell und Reece, 2011)

3.4 Essentielle Mineralstoffe

Bei den essentiellen Mineralstoffen handelt es sich um anorganische Bestandteile (in der Nahrung etc.), sie werden auch als mineralische Nährelemente bezeichnet. Man unterscheidet dabei, je nach Größe, zwischen Makro- und Mikronährstoffen. Bekannte Makronährstoffe sind dabei zum Beispiel Calcium und Phosphor. Calcium ist für den Aufbau und die Erhaltung von Knochen essentiell, ebenfalls für die Muskelkontraktion. Eine regelmäßige Aufnahme von Calcium ist unerlässlich, da es durch verschiedene Körpersekrete wie Harn oder Schweiß teilweise wieder verloren geht. Phosphor wiederum ist ein Hauptbestandteil von ATP, woraus resultiert, dass ein Fehlen von diesem im Körper schwerwiegende Folgen hätte.
Mikronährstoffe wie Eisen, Iod oder Magnesium sind für enzymatische Reaktionen essentiell du ermöglichen somit die Zellatmung oder die Synthese des Proteins Hämoglobin. Dieses bildet Sauerstoff in den roten Blutkörperlichen, wodurch ein Mangel an Eisen zu Anämie führen kann. (Markl, 2011)

3.5 Vitamine

Vitamine sind organische Moleküle, welche zwar nur in geringen Mengen für den Körper notwendig, aber dafür teilweise essentiell sind. Aus vielen von ihnen leiten sich verschiedene Coenzyme ab, welche Transportfunktionen von kleineren Molekülen übernehmen und damit bestimmte Stoffwechselvorgänge regulieren. Sie können sich reversibel an Enzyme binden und unterstützen diese folglich in ihrem Arbeitsvorgang. Man unterscheidet bei den Vitaminen zwischen wasser- und fettlöslichen Vitaminen. Beim Menschen stellt das wasserlösliche Vitamin C eine Ausnahme dar, da viele andere Tierarten dieses Vitamin selbst synthetisieren können. Es ist für den Aufbau des Bindegewebes zuständig und muss, genauso wie der Vitamin B-Komplex extern vom Körper aufgenommen werden. Zu den fettlöslichen Vitaminen gehören Vitamin A (Bestandteil Sehpigmente), D (Knochenbildung), E (Muskelerhalt) und K (Blutgerinnung). Insgesamt sind 13 Vitamine bekannt, welche für den Menschen essentiell sind. Wichtig zu erwähnen ist, dass der Körper nur fettlösliche Vitamine speichert. Ein Überschuss von diesen könnte die Konzentration in der Leber auf ein toxisches Level heben, was zu Schädigungen führen kann. Wasserlösliche Vitamine werden bei Überschuss über die Nieren in Form von Harn o.Ä. problemlos ausgeschieden. (Markl, 2011; Campbell und Reese, 2011)

4. Das Verdauungssystem

Bei der Verdauung werden die Makromoleküle durch Hydrolyse abgebaut und können so individuell und nach Bedarf in ihren Bestandteilen neu zusammengesetzt und genutzt werden. Dabei spalten Verdauungsenzyme die Bindungen und lagern Wassermoleküle an. Proteine werden dadurch zu AS (Proteasen), Kohlenhydrate werden zu einfachen Zuckermolekülen (Carbohydrasen), Nucleinsäuren werden zu Nukleotiden (Nucleasen) und Fette werden zu Fettsäuren etc. (Lipasen). (ebd.)
In diesem Kontext stellt sich die Frage, warum die Enzyme nicht auch die körpereigenen Zellen hydrolysiert werden, sondern nur die dafür vorgesehenen Nährstoffmoleküle. Dies wird durch die verschiedenen Charakteristika und Vorgänge des Gastrointestinaltraktes erklärt, weshalb in den folgenden Abschnitten darauf eingegangen wird.

4.1 Die Verdauung

Die Verdauung beginnt bereits bei der Nahrungsaufnahme durch den Mund. Die Nahrung wird zunächst mechanisch verdaut, was bedeutet, dass sie durch das Kauen zerkleinert wird und womit eine größere Oberfläche für die erste chemische Verdauung liefert. Zusammen mit dem Speichel wird das Enzym Alpha-Amylase aktiviert, welches die in der Nahrung vorkommende Stärke in den Zweifach-Zucker Maltose spaltet. Das erklärt auch, warum Weizenprodukte wie Brot mit der Zeit beginnen süßlich zu schmecken, wenn man sie über einen längeren Zeitraum kaut. (von Heintze, 2006) Der Speichel verhilft dazu, dass die Nahrung zu einem Brei wird und schließlich als Klumpen (Bolus) durch die Zunge in den Schlund befördert werden kann. Im Schlund angekommen gibt es zwei Wege: die Luftröhre, oder die Speiseröhre. Würde der Nahrungsbrei in die Luftröhre gelangen, so wurde diese durch Muskelkontraktionen wieder versucht werden hinaus zu befördern, da somit die Sauerstoffzufuhr blockiert werden und im schlimmsten Fall zum Ersticken führen würde. Entsprechend blockiert der Kehlkopfdeckel in Kombination mit der Bewegung des Kehlkopfes den Eingang zur Luftröhre und der Nahrungsbrei gelangt in die Speiseröhre. Der obere Abschnitt ist mit Quermuskulatur ausgestattet und bewirkt beim Schlucken die Entspannung des Ösophagusschließmuskel, sodass der Kehlkopf sich aufwärtsbewegt, und schließlich der Kehlkopfdeckel die Luftröhre schließt. Je weiter die Speiseröhre Richtung Magen kommt, desto mehr glatte Muskulatur (und schließlich ausschließend) ist vorhanden. Durch wellenartige, rhythmische Muskelkontraktionen wird die Peristaltik ermöglicht und der Nahrungsbrei kann weiter in den Magen transportiert werden. Dank dieser Muskulatur ist es dem Menschen auch dann möglich zu schlucken, wenn dieser beispielsweise auf dem Rücken liegt oder sogar auf dem Kopf steht. (vgl. Campbell und Reece, 2011)

Die Struktur des Magens charakterisiert sich durch die sogenannten Magengrübchen. Dabei handelt es sich um spezielle Einstülpungen, welche dem Magen seine Elastizität und Flexibilität ermöglichen. Unter Anbetracht der Tatsache, dass das Volumen eines leeren Magens um die 50ml fassen, dieser aber bis zu 1,5L aufnehmen kann, sind diese Einstülpungen also unerlässlich für die Funktion des Organs. Die Magenwand besteht dabei aus drei Schichten mit unterschiedlicher Muskulaturstruktur: quer, längs und schräg verlaufend. Durch die

Kontraktion aller drei Schichten ist es dem Magen möglich den Nahrungsbrei Richtung Pförtner (Pylorussphinkter) zu bewegen, zu zerkleinern und gleichzeitig vollständig mit dem Magensaft zu durchmischen. (vgl. Heintze, 2006) Zudem sind die Einfaltungen mit sekretorischen Zellen ausgestattet, welche in drei verschiedenen Arten zu unterteilen sind: die Hauptzellen, die Belegzellen und die Nebenzellen. Die Aufgabe der Hauptzellen besteht darin, die Vorstufe des Enzyms Pepsin, also Pepsinogen, zu produzieren. Dieses wird dann durch die stark saure Konzentration der Magensäure zu dem Enzym Pepsin, welches als Endoprotease Proteine verdaut. Die stark saure Konzentration im Hohlorgan ist den Belegzellen zu verdanken, da diese die Magensäure, bzw. Salzsäure (HCI) bilden. Damit der Magen sich nicht selbst zersetzt schützen die Nebenzellen durch eine spezielle Sekretschicht die Magenwände vor der Säure. Dadurch zerstört die Magensäure zwar Mikroorganismen wie Bakterien o.Ä. in der Nahrung und legt die Peptidverbindungen der Proteine frei, wirkt aber nicht schädlich auf das Organ selbst. Desweiteren werden bereits einige Substanzen, wie zum Beispiel Alkohol, direkt von der Magenschleimhaut aufgenommen und ins Blut weitergeleitet, was die schnelle Wirkung von Alkohol erklärt. Gelangt der Nahrungsbrei nun zum Pförtner lässt dieser durch die Muskelkontraktion immer wieder kleinere Klumpen in den Dünndarm passieren, in dessen ersten Abschnitt (Zwölffingerdarm) der größte Teil der Hydrolase stattfindet. (Campbell und Reece, 2011) Im Zwölffingerdarm angelangt ist die Konzentration der Masse immer noch stark sauer. Da die benötigten Enzyme jedoch auf ein neutrales bis leicht alkalisches Milieu angewiesen sind, wird dieses zunächst geschaffen. Dies geschieht durch vom Dünndarm abgegebene alkalische Sekrete, wobei es sich einerseits um den Verdauungssaft der Darmdrüsen, andererseits um bikarbonatreichen Bauchspeicheldrüsensaft handelt. Dadurch neutralisiert sich der weitergegebene Mageninhalt und erreicht eine Konzentration von 7 bis 9 (neutral bis leicht alkalisch). (von Heintze, 2006) Nun liegt es in der Aufgabe der Hydrolase, die Kohlenhydrate, Proteine und Fette in resorbierbare Bestandteile zu spalten, wobei Fette dabei mithilfe von Gallensäuren verdaut werden. Im Leer-sowie Krummdarm finden schließlich 90% der Resorption statt. (Markl, 2011)

4.2 Resorption

Im Dünndarm findet die chemische Verdauung einerseits weiterhin durch den Bauchspeicheldrüsensaft, andererseits durch die Saumzellenenzyme der Epithelzellen, welches sich in der Schleimhaut des Dünndarms befinden. Um eine möglichst hohe Kontaktfläche zu erzeugen ist die Struktur des Dünndarms, ähnlich zu Magen, mit vielen Einfaltungen versehen. Aus dem inneren dieser Falten ragen viele kleine Ausstülpungen, die Darmzotten. Zusätzlich besitzen die Zellen auf den äußeren Bereichen Mikrovilli. Die Zotten, sowie die Mikrovilli und die Faltung des Dünndarms im Allgemeinen verleihen diesem eine Gesamtoberfläche von ca. 200qm. Durch die Produktion von Peptidasen werden die bereits frei gelegten Proteine schließlich in Aminosäuren aufgespaltet. Auch werden durch Maltase, Lactase und Saccharase Maltose, Lactose und Saccharose in Monosaccharide zersetzt. Die Resorption bzw. der Transport durch die Epithelzellen der Dünndarmwand erfolgt entweder aktiv oder passiv. Je nach Nährstoff werden die Moleküle durch Diffusion, Osmose, aktiven Transport oder Cotransport ins Blut weitergegeben und über die Kapillaren bis hin zur Leberpfortader transportiert. In der Leber angekommen, wird das nährstoffreiche Blut entweder gespeichert, modifiziert oder selektiert. Sollte es sich bei den selektierten Stoffen um Giftstoffe handeln, so werden diese von der Gallenflüssigkeit abtransportiert. Damit lässt sich die Leber als das Stoffwechselzentrum des Körpers verstehen. (Markl, 2011)
Da die Fettsäuremoleküle, sowie die Monoglyceride zu groß sind, um durch die Kapillarwände zu gelangen, werden diese, um verdaut werden zu können, zu (wasserlöslichen) Chylomikronen umgewandelt. Diese werden schließlich über die Lymphgefäße in die Venen transportiert und umgehen die Leber auf diesem Wege vollständig. (Campbell und Reece, 2011)

Dem inzwischen nährstoffarme Nahrungsbrei wird schlussendlich im Dickdarm noch das Wasser und die Ionen entnommen, sodass dabei halbfeste Exkremente entstehen. Ungefähr 1l Wasser wird täglich vom Dickdarm an den Dünndarm zurückgegeben, was zufolge hat, dass Menschen statt 6-8l Wasser täglich nur 2l zu sich nehmen müssen. Nur ca. 100ml Wasser verlässt den Dickdarm in Form von Ausscheidungen. (Ostersehlt, 2018)

4.3 Sport und Ernährung

In dem Zusammenhang mit Sportlern muss man zunächst den genauen Verbrauch der vorhandenen Energie definieren. Der Gesamtenergiegrundsatz lässt sich durch den Grundumsatz plus den Leistungsumsatz beschreiben. Der Grundumsatz entspricht dem Gesamtenergieumsatz eines Menschen, welcher in der Ruhephase Energie benötigt, um seine innerkörperlichen Mechanismen am Leben zu erhalten. Liegt man also entspannt, und die letzte Nahrungsaufnahme ist ca. 12 Stunden her und die Umgebungstemperatur liegt bei ungefähr 20Grad, so produziert der Körper etwa 60% Wärmeenergie und nutzt 40% für die körperlichen Funktionen. (Raschka und Ruf, 2017) Dabei nehmen allerdings verschiedene Faktoren Einfluss darauf, wie viel Gesamtenergie benötigt wird: So brauchen jüngere Menschen mehr Energie, als Ältere. Genauso benötigen regelmäßig sportliche aktive Menschen eine andere Zusammensetzung der Nährstoffe, um die entsprechende Energie zu gewinnen, als Unsportliche.

Durch die Zellatmung wird chemische Energie in Form von ATP und Kreatinphosphat gespeichert, aber ebenfalls durch Wärmeenergie verloren. Wenn nun eine Bewegung ausgeführt wird, so hat die Muskulatur nur eine Speicherkapazität von 3-4 Muskelbewegungen. Dementsprechend muss der Körper bei andauernder Belastung dauerhaft ATP resynthetisieren.

Bei der akuten Belastung der Muskulatur und dem damit einher gehenden Verbrauch von ATP unterscheidet man zwischen der anaeroben und der aeroben Energiebereitstellung. Bei der aeroben Energiebereitstellung wird kein Sauerstoff benötigt. Die Spaltung des gespeicherten Kreatinphosphat und des ATP kann insofern kurzzeitig genutzt werden, sodass kein Laktat entsteht (anaerob-alaktazid). Andererseits kann eine unvollständige Verbrennung von Glukose kurzzeitig Energie liefern, wobei die Bildung von Laktat (anaerob-laktazid) diese begrenzt. Dabei ist zu beachten, dass die unvollständige Verbrennung von Glukose nur 5% von dem Potenzial liefert, welches die vollständige Glukose zur Verfügung stellt. Daher wird diese Energiegewinnung dann in Anspruch genommen, wenn der Körper eine kurzfristige Leistung von Maximal- der Schnellkraft erwartet. (Speerweitwurf, Sprint, etc) Dabei wird nur ein kleiner Teil der Gesamtenergie unter der Bildung von Laktat genutzt, kann aber zeitlich eine größtmögliche Menge entsprechend der Zeiteinheit in Anspruch nehmen. Biologisch betrachtet dient die aerobe Energiegewinnung der Sauerstoffzufuhr des Muskels, sodass die schnelle

Energiegewinnung im Grunde die aerobe Energiezufuhr vorbereitet. Geht man davon aus, dass (Intensiv-)Sportler einen höheren Energie- und Flüssigkeitsbedarf bedürfen, so muss man ebenfalls davon ausgehen, dass die Gewichtung zwischen Grundumsatz und Leistungsbedarf ebenfalls variieren. Die Energiequellen sind damit abhängig von Intensität und Dauer des Trainings, aber genauso von der Ernährungsweise und des Trainingszustandes. (Raschka und Ruf, 2017) Bei der aeroben Energiegewinnung, welche häufig bei Ausdauerbelastung in Anspruch genommen wird, wird die gesamt mögliche Energie gewonnen. Dies liegt daran, dass Glukose vollständig zu Kohlendioxid und Wasser oxidiert, sodass das vollkommene Potential genutzt werden kann. Es wird zunächst das Glykogen aus den Muskeln entnommen und dann aus der Leber. Bei dem Verbrauch der Speicher wird nach und nach der Lipolyseanteil gesteigert, wodurch sich die Nutzung von Glykolyse verteilt. Für die Mobilisierung von Fett benötigt der Körper ebenfalls Sauerstoff, welchen er im Verlauf der steigenden Arbeitsintensität auf die Fettzellen fokussiert, als auf die Glykolysespeicher von Leber und Muskulatur. Entsprechend sinkt der Bedarf an Glykolyse aus der Leber (was notfalls eine Unterzuckerung und entsprechend Ohnmacht zur Folge hätte) und der Bedarf an Glykolyse aus der Spaltung der Fettzellen steigt. Das Interessante dabei ist, dass gute Ausdauertrainierte ihre „Fettverbrennung“ verschieben können, sodass der Glykogenspeicher aufrechterhalten und die Nutzung der Energie früher aus Fettzellen synthetisiert wird. (ebd.)

Weiterhin werden zum Ende der Belastungsphase auch die Proteine mobilisiert. Bei Kraftathleten beträgt dies bis zu 15% mehr als bei normaler sportlicher Belastung. Im Grunde sollte man davon ausgehen, dass hierbei die isolierte Aufnahme von Proteinen Abhilfe schaffen würde. Entgegen jeder „Werbung“ nutzt der Körper isoliert-aufgenommenes Protein zur Energiespeicherung, statt zum Muskelaufbau. Dies liegt daran, dass der Körper ohne Kohlenhydrate kein Insulin ausschüttet, wodurch das Protein nur gespeichert wird. Ähnlich verhält es sich mit Aminosäuren, welche isoliert aufgenommen andere AS blockieren und damit zu Organ- und Immunsystem schädigenden führen können. (ebd.)

5. Fachdidaktischer Hintergrund

5.1 Digitales Lernen

Betrachtet man die kontinuierlich zunehmende Digitalisierung in allen Lebensbereichen, so wird schnell klar, dass dies nicht nur Einfluss auf die digitale Welt nimmt. Inzwischen ist ein Alltag ohne Smartphones, Tablets oder WiFi unvorstellbar geworden. Die ständige Weiterentwicklung digitaler Medien steht damit in einem engen Zusammenhang mit dem daraus resultierenden gesellschaftlichen Wandel. Dadurch scheint es unerlässlich, dass mit ihr auch die Verantwortung an das Schulsystem steigt digitale Medien in den Schulalltag zu integrieren. (Böhme et. al., 2020) Bereits 2016 definierte die KMK Digitalisierung

> als Prozess, in dem digitale Medien und digitale Werkzeuge zunehmend an die Stelle analoger Verfahren treten und diese nicht nur ablösen, sondern neue Perspektiven in allen gesellschaftlichen, wirtschaftlichen und wissenschaftlichen Bereichen erschließen, aber auch neue Fragestellungen z.B. zum Schutz der Privatsphäre mit sich bringen. Sie ist für den gesamten Bildungsbereich Chance und Herausforderung zugleich. (S.8)

Mobiles Lernen, bzw. digitales Lernen muss damit als ein eigener Kompetenzbereich verstanden werden, woraus eine Erweiterung der grundlegenden Lernziele resultiert. Zwar verändert die digitale Lernumgebung die Gestaltungsmöglichkeiten des Unterrichts, jedoch ist die Integration dieser damit vor allem an funktionale Erwartungen geknüpft. Unter diesen Erwartungen versteht sich einerseits der kritische Umgang mit digitalen Medien, welcher durch den Kompetenzrahmen „Kompetenzen in der digitalen Welt“ gewährleistet werden soll. Andererseits soll das Lernen im Kontext der Digitalisierung in den Vordergrund rücken. (KMK, 2016) Die Nutzung von digitalen Medien als Lernunterstützung bietet dabei viele Vorteile, da beispielsweise eine individuelle Förderung von SuS möglich gemacht wird. Genau so können digitale Lernplattformen mit der Schulverwaltungssoftware verbunden werden, sodass beispielsweise eine regelmäßige Kontrolle der Lernergebnisse seitens der Lehrkraft möglich gemacht werden kann. Desweiteren muss man dabei auch einen Blick auf den ökonomischen Vorteil werfen, da die SuS in digitaler Form ein sofortiges Feedback erhalten und nicht zunächst auf die Korrektur handschriftlicher Arbeiten warten müssen. (siehe

Kapitel 5.2) In Bezug auf den Lernerfolg bzw. einen nachweislichen Anstieg der Leistung habe das Lernen mit digitalen Medien laut Herzig (2014) ein großes Potential zur Lernunterstützung. Auch lassen sich durch verschiedene Metaanalysen die positiven Effekte auf den Lernerfolg von SuS nachweisen (Hattie 2013, Zwingenberger 2009). Inwieweit diese allerdings eindeutig sind ist schwierig zu beurteilen, da beispielsweise Schaumburg (2015) zu dem Ergebnis kam, dass sich durch den Einsatz digitaler Medien nur ein kaum nennenswerter bis gar kein Effekt in Bezug auf den Lernerfolg feststellen lässt. Dabei ist in Betracht zu ziehen, dass die einzelnen Metaanalysen sich vorrangig mit einzelnen Medienangeboten oder spezifische Schülergruppen beschäftigen, was unweigerlich zu einer Verallgemeinerung bzw. Pauschalisierung führt. Kritisch zu hinterfragen ist in diesem Zusammenhang, ob nicht viel eher der Forschungsschwerpunkt auf der Entwicklung von digitalen Lernunterstützungen in Hinblick auf die Rahmenbedingungen, sowie die Lehr-Lernsituationen gelegt werden sollte. Eine Erstellung eines situativ abgestimmten digitalen Lernangebotes ließe sich schlussendlich zielgerichteter erproben und evaluieren, statt den Kontext immer wieder hinsichtlich seiner einzelnen Gesichtspunkte zu untersuchen. (Herzig, 2014) Entsprechend dieser Behauptung ließ sich zum Beispiel feststellen, dass die Lernwirksamkeit bei neuen oder ungewohnten (digitalen) Lernunterstützungsangeboten davon abhängig ist, inwieweit die Lehrkraft eine passive Lernbegleitung einnimmt und die SuS eigenverantwortlich und selbstständig arbeiten lässt. (Schanze und Girwidz, 2018) Durch das, ggf. freiwillige, Bearbeiten einer digitalen Lernunterstützung wird den SuS ein individueller Lernprozess ermöglicht, welcher als zeit- sowie ortsunabhängig gilt und somit flexibles Lernen möglich macht. Damit erlaubt das digitales Lernen im Allgemeinen ein System zu erstellen, welches unabhängig von Geschwindigkeit, Lerntyp oder Unterricht ist. (Gerlicher und Jordine, 2018; Dreer, 2008) Einen weiteren positiven Einfluss auf die Lernwirksamkeit von digitalen Medien ist zu erkennen, wenn digitale Medien in Kombination mit traditionellem Unterricht genutzt werden. (Hillmayr et al., 2017) Um es Lehrkräften zu ermöglichen ihren Unterricht Schritt für Schritt zu digitalisieren entwickelte Puentedura 2006 das sogenannte SAMR-Modell, auf welches im folgenden Abschnitt weiter eingegangen werden soll.

5.2 Das SAMR-Modell

Bei dem SAMR-Modell (Substitution, Augmentation, Modification, Redefinition-Modell) handelt es sich um ein von Ruben R. Puentedura entwickeltes Vier-Stufen-Modell, welches erklärt, inwieweit sich die Digitalisierung von analogen Aufgabenstellungen positiv auf die Bearbeitung auswirken kann. Lehrkräfte haben damit die Möglichkeit ihre digitalen Inhalte zu verorten und können ihren Unterricht unter Anleitung nach Bedarf immer weiter digitalisieren. Puentedura unterteilt den Digitalisierungsgrad in vier Stufen. (siehe Abbildung 1)

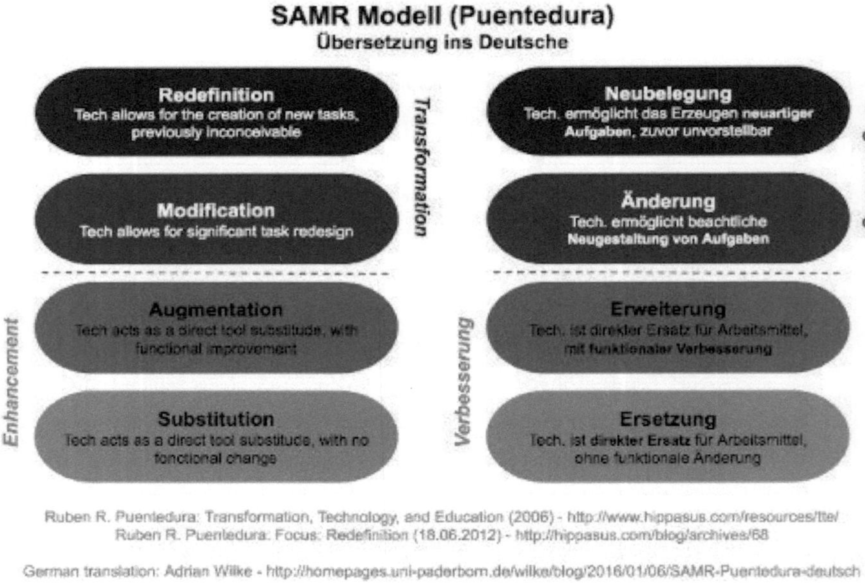

Abbildung 1: SAMR-Modell nach Puentedura

Quelle: http://homepages.uni-paderborn.de/wilke/blog/2016/01/06/SAMR-Puentedura-deutsch/, Zugriff am 14.11.2020

- Ersetzung (Substitution): Digitale Medien kommen als Lernwerkzeuge zum Tragen, wobei die funktionellen Eigenschaften nicht verändert werden. Ein Beispiel dafür sind digitale Arbeitsblätter, welche von der Lehrkraft als pdf-Datei bereitgestellt und bearbeitet werden soll, statt handschriftlich.

- Erweiterung (Augmentation): Es ist durch die Nutzung digitaler Medien eine Verbesserung möglich. Im Fall der Learning Apps wäre dies das direkte Feedback nach der Bearbeitung durch die SuS, der Arbeitsablauf wird positiv verändert bzw. vereinfacht.

- Änderung (Modification): Aufgaben werden so verändert, dass der Einsatz von digitalen Medien als Unterstützung fungiert und auch aktiv von den SuS genutzt werden soll. Unter Anderem steht hier auch der soziale Aspekt im Vordergrund, wie zum Beispiel das gemeinsame Arbeiten an einem Dokument in der Cloud o.ä.

- Neubelegung (Redefinition): Es findet eine Umgestaltung der Aufgaben statt, welche digitale Medien als Lernumgebung definiert. Neue Aufgabenformate werden verfasst, die in ihrem Auftreten analog nicht möglich wären.

Das SAMR-Modell bietet damit Lehrkräften unter Umständen die Möglichkeit ihre Nutzung von digitalen Medien verorten und hinsichtlich ihrer Lehr-Lernsituation zu reflektieren. Somit kann eine Lehrkraft feststellen, inwieweit sich ein Mehrwert aus der angestrebten (digitalen) Unterrichtsplanung ergibt. Weiterhin können Lehrkräfte dahingehend sensibilisiert werden, dass die Digitalisierung viele Möglichkeiten zur neuartigen Unterrichtsgestaltung und Lernumgebung bieten kann. Wie bereits erwähnt, lassen sich Learning Apps in Stufe 2 einordnen, da sie die Lernenden unterstützen, dabei aber nicht zwangsläufig ein neues Aufgabenformat ermöglichen. (o.V., 2016)

5.3 Digitale Medien als Lernerfolgskontrollen

Lernerfolgskontrollen dienen nicht nur der Lehrkraft den Lernerfolg bzw. -fortschritt der SuS nachvollziehen zu können, sondern bietet auch den SuS selbst ein selbstreflektierendes Feedback ihrer eigenen Leistung. Häufig werden Lernerfolgskontrollen im naturwissenschaftlichen Unterricht noch mit handschriftlichen Kurztests durchgeführt, welche durch die Lehrkraft erstellt und beurteilt werden. In diesem Fall haben sie für die SuS kaum einen Mehrwert, da sie lediglich mit ihrer Lernleistung konfrontiert werden ohne eine Möglichkeit ihre Defizite konkret beurteilen oder ausgleichen zu können. Hinzu kommt, dass SuS mit tendenziell schlecht ausfallenden Lernkontrollen zunehmend demotivierter werden, vor allem, wenn sie regelmäßig mit besseren Leistungen anderer SuS konfrontiert werden. (Nerdel, 2017) Um jedem SuS einen individuellen Lernprozess zu ermöglichen, zeitgleich aber als Lehrkraft einen Überblick über die Lernerfolge zu behalten eigenen sich die Learning Apps. Diese können unabhängig vom Leistungsspiegel der Lerngruppe und eigenständig bearbeitet werden, sodass jeder SuS die Möglichkeit hat dem Lernstoff in vollem Umfang folgen zu können. Um eine solche App zu entwickeln bedarf es zunächst einmal der näheren Betrachtung von Lernerfolgskontrollen, um für beide Seiten der Lehr-Lernsituation optimale Ergebnisse zu erzielen.

Nach Häussler et al. (1998) erfüllen Lernerfolgskontrollen drei Funktionen:

- Die Operationalisierung und das Erreichen von Lernzielen. Die Lernziele basieren dabei auf den Kompetenzanforderungen des naturwissenschaftlichen Unterrichts. Um eine Gewährleistung dessen zu garantieren werden die Aufgaben in ihren Fragestellen so operationalisiert, dass sie den jeweiligen Anforderungsbereichen entsprechen. In Hinblick auf eine Learning App können die Anforderungsbereiche I-III in die Staffelung „Einsteiger", „Fortgeschrittene" und „Profis" unterteilt werden (siehe Abbildung 2-4).

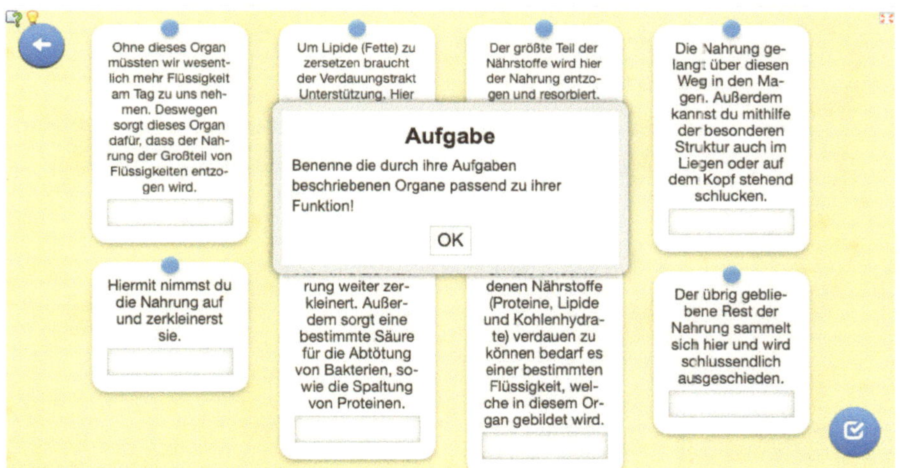

Abbildung 2: Schwierigkeitsgrad "Einsteiger"

Quelle: Eigenarbeit, 2020, https://learningapps.org/display?v=p1hfoeek320, letzter Zugriff: 15.11.2020

Anforderungsbereich I: Bei dem Schwierigkeitsgrad „Einsteiger" handelt es sich vorrangig um den Anforderungsbereich I, da das Wissen vom SuS hauptsächlich reproduziert werden muss (siehe Abbildung 2).

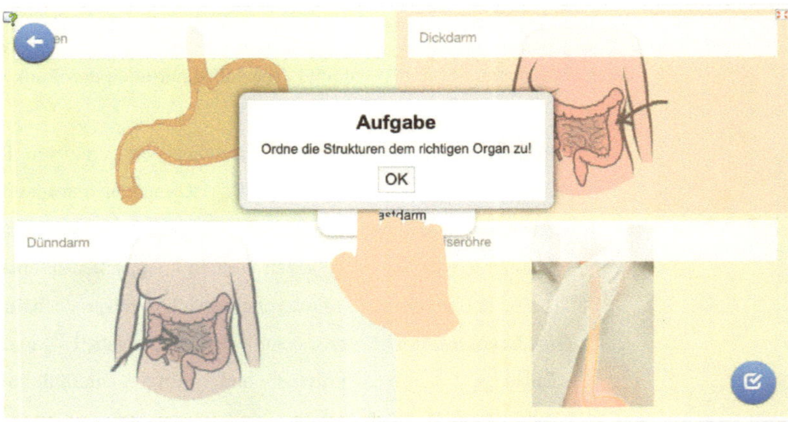

Abbildung 3: Schwierigkeitsgrad "Fortgeschritten"
Quelle: Eigenarbeit, 2020, https://learningapps.org/display?v=p1hfoeek320, letzter Zugriff: 15.11.2020

Anforderungsbereich II: In „Fortgeschritten“ muss das Wissen reorganisiert werden. Bekannte und spezifische Fachinhalte müssen entsprechend des Kontextes und des Inhaltes neu angeordnet und angewandt werden (siehe Abbildung 3).

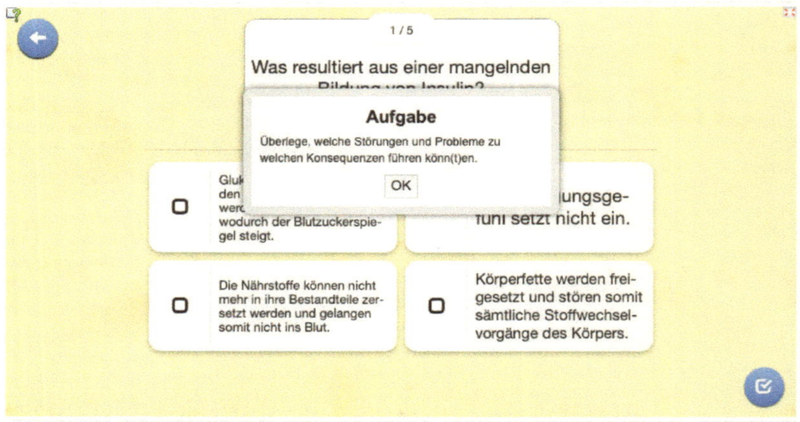

Abbildung 4: Schwierigkeitsgrad "Profi"

Quelle: Eigenarbeit, 2020, https://learningapps.org/display?v=p1hfoeek320, letzter Zugriff: 15.11.2020

Anforderungsbereich III: Im höchsten Schwierigkeitsgrad „Profis“ müssen die SuS ihr erlerntes Fachwissen auf neue Problemstellungen anwenden. Dadurch findet eine reflexive Auseinandersetzung mit den spezifischen Fachinhalten statt, wobei diese in neue Zusammenhänge und unter Anbetracht bestimmter Ausgangssituationen neu strukturiert und transferiert werden müssen.

- Rückmeldung und Bewertung der Lernsituation für SuS und Lehrkräfte. Bei der Durchführung von Lernerfolgskontrollen bekommen die Lerngruppe, sowie die Lehrkraft einen Überblick über die Lehr-Lernsituation. SuS erhalten Rückmeldung über den Stand ihres aktuellen Lernerfolges bzw. Wissensstatus, während die Lehrkraft Rückmeldung darüber bekommt, inwieweit der von ihr durchgeführte Unterricht erfolgreich war. Finden Lernerfolgskontrollen analog statt, so muss die Lehrkraft die Lernkontrollen eigenständig bewerten und korrigieren, sodass keine sofortige Rückmeldung für die SuS möglich ist. Ökonomisch betrachtet haben Learning Apps insofern den Vorteil, dass die Lehrkraft kaum bis keinen Aufwand für die Bewertung aufbringen muss und SuS bekommen direkt im Anschluss ein Feedback über mögliche Defizite oder Stärken.

- Selektionsfunktion und Laufbahnempfehlungen. Diese Funktion wird in diesem Kontext nur der Vollständigkeit halber angeführt, ist für das Ziel der Arbeit aber nicht weiter von Relevanz, da ein Lernunterstützungsangebot keine Selektionsfunktion beabsichtigt. (ebd)

Lernerfolgskontrollen können in mündlicher und schriftlicher Form veranlasst werden. Da sich eine mündliche Überprüfung im Zusammenhang mit Learning Apps nur sehr schwer umsetzen lässt wird sich im Folgenden nur auf die schriftliche Umsetzung konzentriert. Zu den schriftlichen Lernerfolgskontrollen zählen Aufgabenformate wie Multiple-Choice, Zuordnungen, Lückentexte, usw.. (Nerdel, 2017) Man unterscheidet zwischen gebundenen und geschlossenen Antwortformaten:

- Gebundene Antwortformate kennzeichnen sich durch ihre kurze Bearbeitungsdauer und ihre ebenso ökonomische Durchführung. Zu ihnen zählen Multiple-Choice, sowie Zuordnungsaufgaben. Bei Multiple-Choice Aufgaben muss darauf geachtet werden, dass nicht nur zwei Antwortmöglichkeiten zur Verfügung stehen, da sonst das Risiko der Zufallswahl eintritt. So könnten SuS bei einer Chance von 50% einfach raten, ohne Wissen tatsächlich zu reproduzieren bzw. aktivieren. Das Risiko lässt sich minimieren, indem man mehrere Antwortmöglichkeiten zur Verfügung stellt und gleichzeitig darauf achtet, dass jede Antwort auf die SuS gleichermaßen logisch und korrekt wirkt (siehe Abbildung 5). Ähnlich verhält es sich bei Zuordnungsaufgaben. Eine Lösung wäre dahingehend das Hinzufügen von Fachbegriffen, welche zwar auch dem abgefragten Fachinhalt zuzuordnen sind, innerhalb der Aufgabe aber keinen Stellenwert besitzen. Zumeist handelt es sich bei gebundenen Antwortformaten nur um reproduktives Wissen.

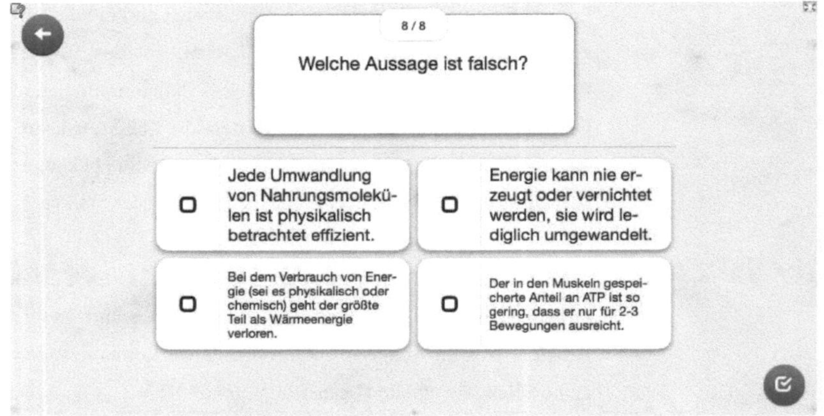

Abbildung 5: Schwierigkeitsgrad "Einsteiger"

Quelle: Eigenarbeit, 2020, https://learningapps.org/display?v=p1hfoeek320, letzter Zugriff: 15.11.2020

- Bei den freien Antwortformaten stehen Eigenständigkeit, Kreativität und Wissensabruf im Mittelpunkt. Lückentexte, sowie Ergänzungsaufgaben (Benennung von Fachbegriffen) und freie Antwortmöglichkeiten sind hierfür charakterisierend. Learning Apps können solche Formate nur begrenzt ermöglichen, da vollständig freie Antwortmöglichkeiten nachträglich von der Lehrkraft korrigiert werden müss(t)en. Unter Vorgabe der Schlagwörter (siehe oben, Abb. 6) ließen sich solche Formate jedenfalls in gewisser Weise umsetzen, bieten aber ebenso viel Spielraum für eine fehlerhafte Anwendung seitens der SuS. Das meint, dass das Programm die Antwort als „richtig" einstuft, sobald nur alle Schlagwörter im Slot aufgeführt worden sind. Besonders Aufgaben mit offenen

Antwortmöglichkeiten sind aufwendig zu bewerten, da diese alle drei Anforderungsbereiche abdecken können und somit in ihren Bewertungskriterien objektiv schwierig einzuschränken sind. (ebd.) Lückentexte sowie Ergänzungsaufgaben lassen sich jedoch unproblematisch in Learning Apps überführen.

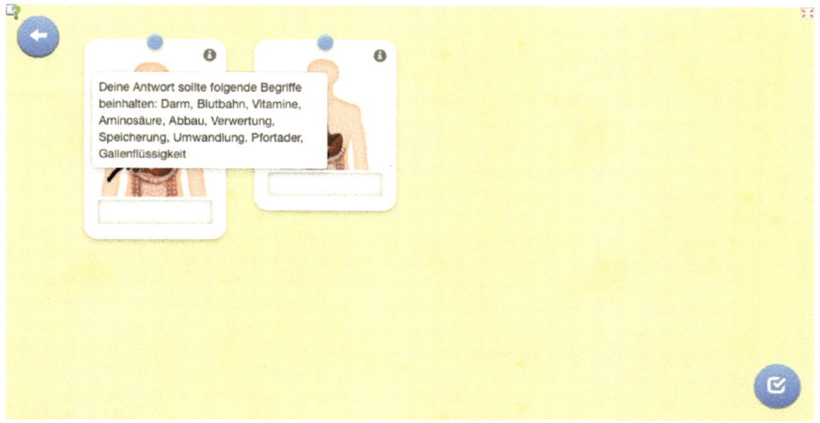

Abbildung 6: Schwierigkeitsgrad "Fortgeschritten"

Quelle: Eigenarbeit, 2020, https://learningapps.org/display?v=p1hfoeek320, letzter Zugriff: 15.11.2020

5.4 Bewertung von digitalen Lernerfolgskontrollen

Anlehnend an die Bezugsnormen von Rheinberg (2001) lassen sich digitale Lernerfolgskontrollen unter zwei Gesichtspunkten bewerten: Der kritikorientierten bzw. sachlichen und der individuellen Bezugsnorm. Bewusst wird hierbei die soziale Bezugsnorm außen vorgelassen, da einer der Hauptaspekte der digitalen Lernerfolgskontrollen ist, dass die Lernerfolge der SuS nicht zueinander in Bezug gestellt werden. Die sachliche Bezugsnorm richtet sich nach der inhaltlichen Korrektheit des abgefragten Fachwissens. Demzufolge orientiert sich die Norm an den angestrebten Lernzielen und gibt Rückmeldung über die Fortschritte. Da Learning Apps zumeist nur die Optionen „richtig“ oder „falsch“ analysieren können, erscheint diese Bewertungsform nur logisch, da sie eine expertenhafte Musterlösung voraussetzt und somit dem formellen Lernmodus der App entspricht. Die SuS erhalten folglich direkt von der Learning App selbst ein Feedback und können selbst entscheiden, ob sie die Einheit nochmal wiederholen möchten, oder nicht. Zudem erhält ebenfalls die Lehrkraft eine Rückmeldung über die Lernfortschritte der Lerngruppe, sodass sie den Unterricht ggf. auf Defizite auslegen kann, welche in der Gruppe vermehrt auftreten. Kennzeichnend für die kritikorientierte Bezugsnorm ist außerdem die Stufung in verschiedene Schwierigkeitsgrade, wie sie auch in dieser Arbeit vorgenommen wurde. Auf der anderen Seite wird auch die individuelle Bezugsnorm zur Bewertung genutzt, da den SuS ihre Lernerfolge durch das (erfolgreiche) Durcharbeiten der einzelnen Abstufungen sichtbar gemacht wird. (vgl. Abb. 7) Innerhalb der Learning App steht der persönliche Lernfortschritt im Vordergrund, weshalb Konfliktsituationen wie Frustration oder Demotivation minimiert werden.

Abbildung 7: Schwierigkeitsgrad "Einsteiger"

Quelle: Eigenarbeit, 2020, https://learningapps.org/display?v=p1hfoeek320, letzter Zugriff: 15.11.2020

Der Big-Fish-Little-Bond Effekt, welcher die Situation beschreibt, in der SuS im Verhältnis zur restlichen Lerngruppe trotz guter Leistung relativ schlecht ausfallen, geht verloren. Damit befinden die SuS sich in ihrer eigenen Lernumgebung und können ihre kognitiven Fähig- und Fertigkeiten in ihrem eigenen Ermessen verfestigen. (vgl. Nerdel, 2017)

6. Bewertung und Diskussion

Das Ziel dieser Arbeit war es ein unterstützendes Lernangebot für SuS in Form einer Learning App zu entwickeln. Dabei sollte aufgezeigt werden, dass die Nutzung von digitalen Medien als unterrichtsergänzendes Lernwerkzeug nicht nur für die SuS Vorteile mit sich bringt, sondern auch von der Lehrkraft effektiv als Rückmeldung der Lerngruppe genutzt werden kann. Vor allem vor dem Hintergrund des immer fortschreitenden digitalen Wandels innerhalb der Gesellschaft sollte deutlich werden, dass die Integration digitaler Medien in den Unterricht keine Frage mehr des „wann" sondern des „wie" darstellt. Unter diesen Umständen ist es unabdingbar, dass Lehrkräfte selbst die Initiative ergreifen und erproben, welche digitalen Medien für ihren Unterricht als sinnvoll und (in Hinblick auf das Lernziel) förderlich verstanden werden. Wie Herzig (2014) bestätigt, liegt der Fokus von Metaanalysen und Evaluationen im Rahmen davon immer noch viel zu stark auf generalisierten digitalen Medienangeboten oder Lerngruppen. Fest zu stellen war in dieser Arbeit, dass Learning Apps sich als vielversprechend herausstellen, wenn sie als Lernerfolgskontrollen genutzt werden. Die Fachinhalte wurden entsprechend des Bremer Bildungsplans gewählt und lassen sich in der 7./8. Jahrgangsstufe der Oberschule unter dem Rahmenthema „Vom Acker" zuordnen. Dabei wurde Wert daraufgelegt, dass die Konzeption und Gestaltung der Learning App auf diese Altersklasse abgestimmt ist, sodass sie als ansprechend und motivierend wahrgenommen wird. Dass ein abwechslungsreiches Aufgabenformat sich positiv auf die Motivation auswirkt ist einerseits empirisch nachgewiesen (vgl. Grogorick et al, 2019), andererseits konnte dies auch durch weitere angehende Lehrkräfte bestätigt werden. (vgl. Anhang 1-3) Einen weiteren Gesichtspunkt stellt die ökologische Wissensüberprüfung dar. Die Lehrkraft kann, unter der Voraussetzung, dass eine Verbindung zum schulinternen Netzwerk besteht, die Lernfortschritte der SuS überprüfen, ohne selbst zeitaufwendig korrigieren zu müssen. Hervorzuheben ist auch, dass Learning Apps SuS eine zeit- und ortunabhängige Möglichkeit zum Lernen geben und damit individuell auf jeden Lerntypus anzuwenden ist. Intensiver zu betrachten wären dabei noch die Rahmenbedingungen, beispielsweise ob das Bearbeiten der Learning App verpflichtend oder freiwillig, an einen zeitlichen Rahmen gebunden o.Ä. ist.

Je nach Fragestellung ist es weitestgehend möglich jeden der drei Anforderungsbereiche aus dem naturwissenschaftlichen Bereich mit einzubinden.

Wissen wird dadurch nicht nur reproduziert, sondern kann auch in einer interaktiven Learning App reorganisiert sowie (mit Einschränkungen) transferiert werden. Letzteres steht dabei in Abhängigkeit zur eigenen Motivation, da die Wahl von freien Antwortmöglichkeiten (wie es bei den Operatoren „erläutere“, „analysiere“, usw. der Fall wäre) wieder das individuelle Bewerten der Antworten durch die Lehrkraft miteinschließen würde. Andererseits sei hier zu erwähnen, dass es sich bei der Learning App um ein unterstützendes Lernangebot handelt und synchron zu den Unterrichtseinheiten genutzt werden kann. Die Staffelung der Schwierigkeitsgrade in Zusammenhang mit den Anforderungsbereichen wurde von anderen Lehramtsstudenten*innen als inhaltlich stimmig wahrgenommen (siehe Anhang 1-3) und schafft damit eine klare Abgrenzung zwischen den einzelnen Modulen innerhalb der Learning App. Objektiv betrachtet erfordert das Entwickeln einer solchen Learning App nicht mehr Arbeit, als dass eigenständige Erstellen von handschriftlichen Arbeitsblättern. Da im Zuge dieser Arbeit allerdings nur nach einem unterstützenden Angebot zum Präsenzunterricht geforscht wurde, welches für Lernende sowie Lehrende einen Nutzen hat, kann natürlich nicht darauf eingegangen werden, wie sich ein interaktives, digitales Medienangebot im Unterricht selbst verhalten würde. Wie bereits erwähnt, muss hierbei jedoch das Engagement einzelner Lehrkräfte aktiviert werden, da es an empirischen Forschungen zu expliziten Lehr-Lernsituationen mit digitalen Medienangeboten größtenteils fehlt. Das SARM-Modell liefert eine gute Hilfestellung, um verschiedene Digitalisierungen von Aufgabenformaten vornehmen und reflektieren zu können. Auch Bedarf es dabei einem kontinuierlichen Feedback Seites der SuS, da jede Lerngruppe in ihrer Heterogenität nicht unterschätzt werden sollte. Letztendlich bieten unterstützende Lernangebote in Form von Learning Apps viel Spielraum, um die SuS in ihren individuellen Lernvoraussetzungen zu unterstützen und ihnen eine eigene Lernumgebung zu erschaffen. Betont sei nochmal, dass durch die Schaffung einer individuellen Lernumgebung SuS ohne Leistungsdruck in Abhängigkeit zur restlichen Lerngruppe selbstbestimmt ihr Wissen erweitern oder festigen können, woraus ein tendenziell höhere Lernfortschritt resultieren sollte.

7. Fazit

Die vorliegende Arbeit hat sich mit der Konstruktion einer Learning App beschäftigt, welche als unterstützendes Lernangebot für SuS verwendet werden soll. Dabei wurde sich zunächst mit dem fachinhaltlichen Hintergrund zum Thema „Ernährung und Verdauung" beschäftigt, welches im Bremer Bildungsplan für den 7. oder 8. Jahrgang der Oberschule unter dem Rahmenthema „Vom Acker" vorgesehen ist. Vorrangig ging es dabei um den Aufbau und Ablauf des Verdauungssystems, sowie der Energiegewinnung des Körpers durch die Nahrung. Abschließend wurde noch einmal auf den Zusammenhang zwischen Sport und Energie eingegangen, um den Einfluss von Bewegung auf den Körper zu verdeutlichen. Darauffolgend wurde sich mit dem fachdidaktischen Hintergrund näher beschäftigt, welcher als Grundlage für das Konzept der Learning App zu verstehen ist. Aktuelle Forschungsstände zum Thema „digitales Lernen" wurden behandelt, mit dem Fazit, dass die hauptsächlichen Forschungsgegenstände zum Thema „digitale Lernangebote" sehr pauschalisierend ausfallen und somit keine expliziten Ergebnisse zu unterstützenden Lernangeboten liefern. Infolgedessen wurde sich mit der Digitalisierung von Lernangeboten unter Anbetracht des 4-Stufen-Modell von Puentedura auseinandergesetzt, welches eine Unterstützung für Lehrkräfte darstellt, welche ihren Unterricht Schritt für Schritt digitalisieren möchten. Fest gestellt wurde unter den genannten ebenfalls, dass es der Evaluation einzelner, digitaler Lehr-Lernsituationen bedarf, um sich von der generalisierten Forschung zu distanzieren und eindeutigere Ergebnisse zu erhalten. Damit aus der Learning App Lernende, aber auch Lehrende einen Vorteil ziehen, wurde sich auf Learning Apps als Lernerfolgskontrollen konzentriert und die Learning App auch entsprechend konstruiert. Um den angestrebten Effekt auch zu erzielen, wurde zunächst auf die Formen und ihre Vor- sowie Nachteile von Lernerfolgskontrollen eingegangen. Dahingehend ist festzustellen, dass gebundene Antwortformate die Möglichkeit bieten die Wissensabfrage für die Lehrkraft ökonomischer zu gestalten. Durch die Learning App bekommen die SuS eine sofortige Rückmeldung zu ihrem Lernerfolg und müssen im Gegensatz zu handschriftlichen Lernerfolgskontrollen keine Wartezeit für die Korrektur in Anspruch nehmen. Von Nachteil ist jedoch, dass es sich dabei häufig nur um reproduziertes Wissen handelt. Dies lässt sich immerhin insofern erweitern, dass die Fragestellungen mithilfe der Operatoren so verändert werden können, dass Wissen teilweise neu organisiert werden muss. Offene Antwortformate, wie Ergänzungsaufgaben, lassen sich ebenfalls sinnvoll in eine Learning App integrieren, ohne dass der ökonomische Mehrwert verloren geht. Problematisch zu betrachten sind Aufgabenstellungen, in denen eine offene Antwort möglich ist. Diese lassen sich nur begrenzt einsetzen, oder sie müssen nachträglich durch die Lehrkraft bewertet werden. Das wiederum würde mit dem angestrebten Ziel der Vereinfachung von Lernerfolgskontrollen korrelieren. Entsprechend wurde sich auf die Annahme von Hillmayr et. al. (2017) gestützt, dass digitale Lernangebote nur dann einen positiven Einfluss auf den Lernfortschritt haben, wenn diese in Kombination mit traditionellem Unterricht auftreten. Unter diesen Umständen wurde die Learning App so konzipiert, dass sie ergänzend zum Unterricht genutzt werden kann. Im Mittelpunkt dabei steht neben der Rückmeldung für die Lehrkraft auch der Nutzen für die SuS. Beleuchtet wurden die Bezugsnormen für die Bewertung von Lernerfolgskontrollen. Der Aufbau der Learning App wurden so entwickelt, dass sie das Erreichen der fachlichen Kompetenzen misst. Daher wurde bei der Staffelung zwischen „Einsteiger", „Fortgeschritten" und „Profi" unterschieden und unter Verwendung der Operationalisierung mithilfe der von der KMK fest gelegten Anforderungsbereiche entsprechende Aufgabenstellungen formuliert. Neben der sachlichen Bezugsnorm spielt bei der Learning App auch die individuelle Bezugsnorm eine Rolle, da es den SuS möglich ist ihren eigenen Lernfortschritt zu verfolgen und individuell auszubauen.

Darüber hinaus ist festzuhalten, dass das Konstruieren einer Learning App kaum mehr Aufwand erfordert, als die Erstellung von Lernerfolgskontrollen in Form von Kurztests o.ä.. Zur Hilfe lassen sich verschiedene Online-Tools nehmen, wie im Falle dieser Arbeit die Website www.learningapps.org. Durch die Arbeit sollte aufgezeigt werden, dass das Einbinden von digitalen Lernangeboten nicht zwangsläufig nur mehr Aufwand für die Lehrkraft bedeuten muss. Eine Learning App, welche gleichzeitig als Lernerfolgskontrolle, als auch als Lernunterstützungsangebot, funktioniert wurde entwickelt und untersucht. Zwar können unter den genannten Aspekten keine allgemeingültigen Aussagen zum digitalen Lernen per se getroffen werden, dennoch kann die konstruierte Learning App als Vorreiter für zukünftige digitale Lernunterstützungsangebote verstanden werden. Besonders in den naturwissenschaftlichen Fächern lässt diese Form der Digitalisierung einen vielversprechenden Ausblick zu. Sie bietet nicht nur SuS die Perspektive auf eine individuelle Lernumgebung, sondern übernimmt auch eine entlastende Funktion für Lehrkräfte ein. Resümierend ist also fest zu halten, dass Learning Apps beiden Seiten der Lehr-Lernsituation von großem Nutzen sind.

8. Quellen

Böhme, R., Munser-Kiefer, M. & Prestridge, S. (2020): *Lernunterstützung mit digitalen Medien in der Grundschule*. Springer Publishing.

Campbell, N. A., Reece, J. B. & Kratochwil, A. (2009): Die Ernährung der Tiere. In *Biologie*,8. aktualisierte Aufl., Pearson Studium, 1211–1242

Dreer, S. (2008): „E-Learning Als Möglichkeit Zur Unterstützung Des Selbstgesteuerten Lernens an Berufsschulen". *MedienPädagogik: Zeitschrift für Theorie Und Praxis Der Medienbildung* (Occasional Papers), 1-25.

Gereiche, A. & Jardine, T. (2018). Mobile Learning und Mobile Game-based Learning. In *Handbuch Mobile Learning: Bd. 1.*, Springer VS, 161–177

Grogorick, L. & Finster, R. & Robra-Bissantz, S. (2019): Digitales Lernen fesselnd gestalten: Motivation beim Lösen verschiedener Aufgabentypen.

Hattie, J. (2014). *Lernen sichtbar machen für Lehrpersonen*. Baltmannsweiler: Schneider Verlag

Häussler, P. & Bünder, W. & Duit, R. & Gräber, W. & Mayer, J. (1998): Naturwissenschaftsdidaktische Forschung – Perspektiven für die Unterrichtspraxis. Kiel, Hohengehren.

von Heintze, F. (2006): Die Verdauung. In *Mensch und Körper* (S. 140–175). Gütersloh: Berstelmann Stiftung. 140-175

Herzig, B. (2014). Wie wirksam sind digitale Medien im Unterricht? Gütersloh: Bertelsmann Stiftung.

Hillmayr, D. & Reinhold, F. & Ziernwald, L. & Reiss, K. (2017): Digitale Medien im mathematisch-naturwissenschaftlichen Unterricht der Sekundarstufe.

Einsatzmöglichkeiten, Umsetzung und Wirksamkeit. Münster : Waxmann. 27

Junker, T. (2011): Warum macht Essen allein nicht satt? In: *Die 101 wichtigsten Fragen - Evolution*. C.H.Beck. 107-109

Kultusministerkonferenz [KMK], Sekretariat (Hrsg.) (2016): Strategie der Kultusministerkonferenz „Bildung in der digitalen Welt". Berlin: KMK, 5-9

Lindinger, K. (2006): Satt essen mit Magerkost. In: *Voller Teller - schlanke Taille*, 1. Aufl. Haug. 46-51

Muuß-Merholz, J. (2015): *Chancen der Digitalisierung für individuelle Förderung im Unterricht, Zehn gute Beispiele aus der Schulpraxis*. 1. Aufl. Bertelsmann Stiftung. http://school-challenge.congente.ch/wp-content/uploads/2019/09/Download_IB_10_Praxisbeispiele_151117.pdf

Nerdel, C. (2017): Überprüfung von Kompetenzen und Lernzielen im naturwissenschaftlichen Unterricht. In *Grundlagen der Naturwissenschaftsdidaktik*. Springer Publishing. 61-70

Nesheim, M. N. (2020): Foods: How Scientists Count the Calories. In *Why Calories Count: From Science to Politics (California Studies in Food and Culture)*. University of California Press. 30-40

Ostersehlt, D. (2018). Von Kopf bis Po auf Verdauung eingestellt. *Unterricht Biologie*, *434*, 2–15. https://www.friedrich-verlag.de/biologie/unterricht-biologie/

Raschka, C. & Ruf, S. (2018). Sport und Ernährung: Wissenschaftlich basierte Empfehlungen, Tipps und Ernährungspläne für die Praxis. In *Basisernährung von Sportlern*, 4., unveränderte Aufl., Thieme Georg Verlag. 30-36

Rheinberg, F. (2001): Bezugsnormen und schulische Leistungsbeurteilung. In: Weinert FE (Hrsg) Leistungsmessung. In: Schulen, 2. Aufl. Beltz, Weinheim, 59–71

Sadava, D. & Orians, G. H. & Heller, C. H. & Hillis, D., Berenbaum, M. R. & Markl, J. & Held, A. & Niehaus-Osterloh, M. & Seidler, L. & Wink, C. & Jarosch, B. (2011): Ernährung, Verdauung und Resorption. In *Purves, Biologie,* 9. Aufl. Spektrum Akademischer Verlag. 1410-1442

Schanze, S. & Girwidz, R. (2018). Lernen mit digitalen Medien. In *Theorien in der naturwissenschaftsdidaktischen Forschung*. Springer Publishing. 177–193

Schaumburg, H. (2015): Chancen und Risiken digitaler Medien in der Schule. Medienpädagogische und -didaktische Perspektiven. Gütersloh: Bertelsmann Stiftung.

Zwingenberger, A. (2009): Wirksamkeit multimedialer Lernmaterialen. Münster: Waxmann.

o.V. (2016). *Den Mehrwert digitaler Medien erkennen | bildung.digital.* bildung.digital. Abgerufen von: https://www.bildung.digital/artikel/den-mehrwert-digitaler-medien-erkennen, letzter Zugriff: 14.11.2020

o.V. (2018). *Isoleucin, Leucin und Valin – wichtig für die Muskelenergie und Stressreaktione*. centrosan. Abgerufen von: https://www.centrosan.com/Wissen/Naehrstoff-Lexikon/Aminosaeuren/essentielle-Aminosaeuren/Isoleucin-Leucin-und-Valin.php, letzter Zugriff: 14.11.2020

Puentedura, R. (2006): *Transformation, Technology, and Education.* Abgerufen von: http://www.hippasus.com/resources/tte/, letzter Zugriff 15.11.2020

9. Anhang

Anhang 1 – Fragebogen 1 zur Learning App

Hannah Romeike

Fragebogen zur Bewertung einer Lernapp zum Thema Verdauung und Ernährung

1. Reproduziert der Inhalt das erlernte Wissen in vollem Umfang? Wenn nein, was fehlt?
Ja

2. Sind die Schwierigkeitsgerade entsprechend ihrer zu erbringenden Leistung formuliert?
Ja. Es ist eine gute Abstufung der Niveaustufen vorhanden.

3. Werden die Gestaltung und mediale Vielfältigkeit als ansprechend bzw. motivierend wahrgenommen? Wenn ja, warum? Wenn nein, warum nicht?
Die Beschriftungsaufgaben und Drag-an-Drop Aufgaben sind sehr übersichtlich gestaltet
und selbsterklärend. Durch mehrere Auswahlmöglichkeiten bei den Multiple Choice Aufgaben
ist ein hohes Aufmerksamkeitslevel gefragt, welches das erlernte auch aus verschiedenen Blickwinkeln
betrachten lässt.

4. Würdest du die App selbst in dieser Form im Unterricht benutzen? Wenn ja, warum? Wenn nein, warum nicht?
Ja, da es als guter Abschluss einer Lerneinheit genutzt werden kann.
Auch als Unterrichtseinstieg um das Lernniveau der SuS abzuprüfen geeignet.
Ebenso als Selbsttest für die SuS ist das ein sehr gutes Feedback.

5. Dinge, die als besonders positiv erachtet werden? Kritik oder Verbesserungsvorschläge?
Gut grafisch und dadurch sehr ansprechend gestaltet.
Niveaustufen können von der Lehrkraft für jeweilige Unterrichtseinheiten verwendet und als
Lernziel definiert werden.
Mix aus verschiedenen Aufgabentypen erhöht Motivation und verleitet nicht zu
Abwechslungslosigkeit.

Danke!

Anhang 2 – Fragebogen 2 zur Learning App (Fehlerhafte Bearbeitung)

Hannah Romeike

Fragebogen zur Bewertung einer Lernapp zum Thema Verdauung und Ernährung

1. Reproduziert der Inhalt das erlernte Wissen in vollem Umfang? Wenn nein, was fehlt?

Der erlernte Inhalt wird augenscheinlich in vollem Umfang aufgegriffen und in die Aufgaben eingebunden. Somit wird das erlernte Wissen, im vorgefunden Inhalt der App so gut wie möglich reproduziert.

2. Sind die Schwierigkeitsgerade entsprechend ihrer zu erbringenden Leistung formuliert?

Die verschiedenen Schwierigkeitsgrade sind entsprechend ihrer zu erbringenden Leistung formuliert. Während die Stufe „Einsteiger" mit leichteren Aufgaben, wie z.B einfache Multiple-Choice Fragen, gestellt werden, so wird die Stufe „Profi" mit Aufgaben gefüllt, wo der Befragte selbst eine Begründung zur gestellten Frage geben soll. Somit ist eine Niveausteigerung zu erkennen.

3. Werden die Gestaltung und mediale Vielfältigkeit als ansprechend bzw. motivierend wahrgenommen? Wenn ja, warum? Wenn nein, warum nicht?

Die mediale Abarbeitung der gestellten Aufgaben, wirkt interessanter als eine klassische Abarbeitung im Papierformat. Die Möglichkeit, Fragen in verschiedenen Schwierigkeitsgraden zu beantworten, regt an, sich, von Stufe zu Stufe hin, zu testen, um festzustellen, ob das Erlernte umgesetzt werden kann.

4. Würdest du die App selbst in dieser Form im Unterricht benutzen? Wenn ja, warum? Wenn nein, warum nicht?

Die App verfügt über einen logischen Aufbau und eine einfache Handhabung, sodass man ohne

Anhang 3 – Fragebogen 3 zur Learning App

Hannah Romeike

Fragebogen zur Bewertung einer Lernapp zum Thema Verdauung und Ernährung

1. Reproduziert der Inhalt das erlernte Wissen in vollem Umfang? Wenn nein, was fehlt?

Ja

2. Sind die Schwierigkeitsgerade entsprechend ihrer zu erbringenden Leistung formuliert?

Ja, es kann ein differenzierter Anspruch der zu erbringenden Leistung im Rahmen der Aufgabenstellungen und der Inhalte erkannt werden (z.B. bei Einsteiger Vorgabe im Lückentext und kleinere Versuche bei Experten)

3. Werden die Gestaltung und mediale Vielfältigkeit als ansprechend bzw. motivierend wahrgenommen? Wenn ja, warum? Wenn nein, warum nicht?

Die verschiedenen Aufgabenstellungen machen das Lernen interessanter. Ebenfalls die Gestaltung durch verschiedene Schaubilder unterstützt die Verfestigung des angeeigneten Wissens. Durch die Abwechselung wird die Motivation im Wiederholen des bereits angeeigneten Wissens weiter unterstützt.

4. Würdest du die App selbst in dieser Form im Unterricht benutzen? Wenn ja, warum? Wenn nein, warum nicht?

Würde ich, da sie unterstützend zu anderen Unterrichtsformen der Lernenden einen eigenen Freiraum in der aufgabenbearbeitung bietet und die lernenden auf diese Art und Weise ihre eigenen Fähigkeiten bereits selbst einschätzen lernen und dadurch ebenfalls ihre eigenen Wissensdefizite erkennen und beheben können. Es wird eigenständiges lernen gefördert mit abwechslungsreichen Methoden.

5. Dinge, die als besonders positiv erachtet werden? Kritik oder Verbesserungsvorschläge?

Die App stellt eine gute Unterstützung im Rahmen der Unterrichtswiederholung und eigenüberprüfung dar. Dazu tragen die verschiedenen Aufgabenstellung erzielt, dass die lernenden ihr Wissen auf unterschiedliche Arten überprüfen und festigen können. Gerade durch diese Variationen bleibt das Lernen und wiederholen weiterhin anregend und kann somit als förderlich betrachtet werden. Die lernenden können ebenfalls selbst und ohne unter gesetztem Druck eigenverantwortlich die Aufgaben frei bearbeiten und ggf. wiederholen.

Danke!